⚡ 米太廚房的
超級食物 美味提案

研出版

目　　錄

自　　　序

米太 // 2018 年 4 月

首先感謝研出版邀請我撰寫人生第一本食譜書,初次和編輯討論書的主題時,我們很快便決定,要做一本關於健康家庭料理的書,我還會以廚師的角度出發,為菜式造型和拍照,希望盡量把每道菜的「神髓」展示給讀者。

受腰患困擾多年,直至下定決心改變生活方式,實行健康飲食和運

動鍛鍊，身體狀況大大改善，亦令我成了「You are what you eat」這句說話的忠實信徒，我也經常把一些有用的經驗和身邊的朋友和學生分享，希望以自己作為「人辦」，說服多些人關注飲食。

這本書以備受推崇的「超級食物」為食譜創作骨幹，「超級食物」這個詞語在十幾年前開始出現，是對有益健康食材的統稱。有的食材是近年才為人所熟悉，但有更多其實是一直在我們身邊，只是我們並沒有留意他們強大的好處而已。

現在是健康意識抬頭年代，我覺得健康飲食不應只是一種「潮流」，應是「能持續的生活方式」；所以不應視之為生活上一個挑戰，應是簡單和充滿樂趣的。書中的食譜以簡易為主，也有改良的傳統菜式，注重色香味，希望令煮和吃的人都能感受到美食帶來的愉悅感，同時能攝取到豐富的營養滋養身心，增添活力。

如果這本書能夠啟發到少入廚房的你開始為自己和家人的健康而下廚；或烹飪經驗豐富的你多一些新穎又健康的煮食靈感，那我便會非常快樂了。

2016 年中，我決定成立 Facebook 專頁「米太廚房手記」，把我的食譜和煮食心得與大眾分享。萬料不到這個小小的專頁令我能和數以萬計的飲食同好結緣，當中有不少還助我擴闊烹飪的領域，作多方面的嘗試，豐富了我的人生閱歷。在此謹對一直以來支持和鼓勵我的朋友和讀者，衷心致謝！

特別鳴謝
The Food Closet 贊助此書所有優質食材，店長 Annie 大年初一也幫忙送貨，無言感激！
BMA Home & Kitchen 提供漂亮的場地拍攝人像照。

推 薦 序

莫惠明先生 //
信興廚藝中心主管

米太熱愛飲食，烹飪經驗豐富，平日喜愛創新料理，發揮小宇宙。
曾經在外國生活的她，擅長中、西、亞洲菜式及烘焙，喜歡把創意
和健康元素注入菜式中，視廚房為她的實驗室，研究和製作新菜式！
米太經常為家人下廚，享受一起飯聚的快樂之餘，同時在社交平台
成立個人專頁分享創意食譜，交流廚藝心得，盡享入廚的樂趣。

回想起 2016 年 9 月，在 Panasonic「蒸煮料理大比拼」中第一次
跟米太碰面，她在比賽中大顯身手，憑着特別的「芝味豚肉蔬菜花」
及「金瓜野菌雞肉藜麥飯」的菜式，獲選為香港區冠軍。然後我們
誠邀米太成為了「信興廚藝中心」的導師，為我們推廣無火煮食文
化和研究食譜，將不同創新菜式教導學生，並善用 Panasonic 家廚
電器，結合現代科技，炮製出色、香、味俱全的新菜式。

最後，希望米太的新著——《米太廚房的超級食物美味提案》能讓
您們增添對煮食的新樂趣，並為您的摯愛帶來無限的美味驚喜，為
生活添一份色彩！

何嘉茵 //

《蘋果日報》飲食記者

現在資訊泛濫，人人都可以出書，甚至當食譜 blogger 或 KOL，但米太就是不一樣。

認識米太是源於她的個人 Facebook 專頁，由生意人轉為全身投入煮食興趣，樣樣皆能，傳統味道、家庭小菜、新派料理，西中日韓的食譜也難不到她，對食材認知、減肥養生亦有一定認識。邀請她為我們平台製作短片「米太貼士」，由設計食譜、示範、甚至拍攝、剪接一腳踢，堪稱現代精明太太，亦很佩服她追夢的勇氣。

這是米太第一本新書，以近年備受推崇的「超級食物」（Superfood）為主題，要打破傳統框框，可參考新書 36 道 Superfood 創意食譜。每篇食譜都會介紹其靈感來源、一些關於米太的小故事、生活點滴，還有煮食貼士。更吸引我的是，米太寫了很多重要細節，讓大家知道要食得健康，選好的食材，用簡單的方法便可做到，提高飲食的營養價值及新鮮感。

米生 //

入廚是米太最大的嗜好，約兩年前，米太參加了人生第一次烹飪比賽，得了亞軍，接着建立了「米太廚房手記」在網絡平台與讀者分享煮食心得。

及後米太參加了一個電器品牌的公開比賽，規定要一名助手，為了支持米太，我便膽粗粗上陣，我不擅廚藝，只好重覆練習，意想不到地，米太在這次比賽得了冠軍，之後更成為了烹飪導師，把她的興趣發揚光大。

很多朋友問我，米太最擅長是甚麼菜式？中國菜？西餐？韓國菜？其實米太的強項是利用各種菜式的特色，加入健康的元素，做出千變萬化的佳餚，簡單、美味而不刁鑽，令我們餐桌上總有驚喜。

很久以前，我已是米太的御用「試食員」，見證着米太在烹飪方面不斷作新嘗試。近年由烹飪比賽到廚藝導師、網絡和報章上的「米太貼士」連載，米太在她的烹飪領域上有着很大的進步，這本書可說是她另一個里程碑，期待！

米太加油！

米仔 //

我媽咪雖然身兼數職，每天都非常忙碌，但她一定會做一些很好吃的飯菜給我和爸爸吃，也時常教我健康飲食很重要。

多年來，媽咪都堅持大清早起來做一家人的早餐和我的午餐飯盒，我的同學也很羨慕我，說我很幸福呢！不知那年開始，每天午膳時間，我打開飯壺前都會有一個「開飯壺儀式」，大家說「一、二、三，打開！」後，我就立刻打開它。好奇的同學每天都會問我今天吃甚麼，我都說和昨天的不同。因為媽咪的飯盒款式每天都不一樣，她好像是永遠創意無限，我也愛吃她煮的所有食物，因為全部都很美味。

最難忘是有次觀看她參加烹飪比賽，她得到「最佳創意獎」，我覺得她十分實至名歸，我真的很佩服她。

我希望媽咪能通過這本書，令更多人知道她的創意食譜，也可以令更多人好像我一樣食得健康。

何謂「超級食物」？

近年備受追捧的「超級食物」(Superfood)，牛津字典將其定義為「被認為對健康有益的非常營養的食物」，泛指營養豐富，或含有天然化學物的食物，通常對健康有特殊效用，例如蘊含大量抗氧化成份、高含量的不飽和脂肪酸、豐富的膳食纖維，多吃可減低患上某些慢性疾病的機會。

藜麥、三文魚、羽衣甘藍、藍莓等是相對較受歡迎的「超級食物」，不但新鮮、天然且健康，有些甚至有美顏及減肥的效用。只要進食小小的份量，便能攝取大大的營養，也是賣點之一，如藜麥比同等份量的糙米和白米飯的蛋白質含量多 2 倍；100 克藜麥所提供的鎂，更是人體每日所需的 50%。

不過，以「超級食物」入饌作菜的時候也要留意，這些食物雖然營養價值較高，但需要按個人體質及飲食習慣來選擇，並留意食材的份量、煮食方式及配料等，才可以令「超級食物」發揮最大的功效。

如果食用不當，「超級食物」反會損害健康。例如羽衣甘藍含有豐富的維他命 K，不適合服用抗凝血劑的人士進食；牛油果有助維持體內膽固醇水平，但熱量較高，過量食用會使身體積聚過多脂肪。說到底，均衡飲食配合運動和適當的休息，才是達致健康的不二法門。

各 類 超 級 食 物 代 表

南 瓜

南瓜含有豐富的胡蘿蔔素，可降低罹患肺癌、乳癌、皮膚癌、大腸癌風險，更可活化腦部，讓人思緒更敏銳。南瓜具有大量植物纖維，可延緩腸胃吸收，避免血糖在飯後急速上升。

奇 亞 籽

奇亞籽的膳食纖維豐富，泡水後會膨脹並產生黏膠狀物質，屬於水溶性纖維，有助延緩血糖上升速度。奇亞籽也含有非水溶性纖維，能增加飽足感，可調節腸道機能。奇亞籽的不飽和脂肪酸，則有助降低膽固醇、維持動脈機能。

杞 子

杞子有明目功效，富含類胡蘿蔔素，當中的葉黃素是黃斑點內抗氧化物，多攝取有助防止眼睛退化。除了煲湯沖茶外，杞子亦可當作乾果進食，但要注意，長時間加熱會令杞子的營養流失，亦不宜浸洗過久。

花 椰 菜

白色的花椰菜有較多含硫化合物，可調節血液中的膽固醇，促進心血管系統健康。而綠色的西蘭花含葉綠素和葉黃素等，可以保護眼睛，促進視力健康、強健骨骼及牙齒，並具有抗氧化效果。

綠 茶

綠茶的兒茶素有助抗氧化，可對抗皮膚老化；葉綠素則有排毒之效，是燃燒脂肪的好幫手，同時可促進新陳代謝。另外，多飲用綠茶有安神、放鬆的功效。

莓 果

莓果包括草莓、藍莓、覆盆子、黑莓、越橘莓等，全部都有抗氧化、提升免疫力的功效。莓果有豐富的維他命，所含的花青素、胡蘿蔔素等天然多酚物質，能保護細胞免受傷害。

蕃 薯

蕃薯為偏鹼性食物，澱粉含量高。蕃薯有大量的維他命 C，為薯類中最為豐富。擁有豐富的膳食纖維，有利腸胃蠕動，可預防便秘。但要注意蕃薯糖份高，糖尿病患者不宜多吃。

糙 米 紅 米

糙米擁有大量膳食纖維，是白米的 7 倍以上，而且含有豐富的鐵質和蛋白質；而紅米又比糙米的膳食纖維更為豐富。不少女士都有貧血問題，因此糙米紅米非常適合女士食用以補充鐵質。

紅 菜 頭

紅菜頭含豐富的花青素，除了有抗氧化功效，更有養顏抗衰老之用。紅菜頭又含有鉀質，有助降低血壓。不少人喜歡用味道清甜的紅菜頭煲湯、榨汁或蒸熟後切片混入沙律，多吃有助促進血液流通，減少疲倦。

柑 橘 類

柑橘類食物包括橘子、柚子、金桔、檸檬、葡萄柚等，含豐富的維他命 C 和 P。維他命 C可增強免疫力，預防傳染病，同時促進膠原蛋白再生；維他命 P 則能強化血管營養成份。此外，柑橘類食物含有大量膳食纖維，有助心臟健康和控制血糖。

羽 衣 甘 藍

羽衣甘藍含具抗癌作用的硫配醣體，能夠抑制腫瘤生長。膳食纖維豐富的羽衣甘藍，亦可促進腸道蠕動，減少便秘。另外，羽衣甘藍有多種營養素，β胡蘿蔔素除了能守護皮膚，隔絕病原菌入侵外，還能在體內轉換成維他命 A，預防夜盲及眼睛疲勞。

芝 麻

芝麻為偏鹼性食物，有助改善胃酸過多的問題。豐富的維他命 E 能消除肌肉疲勞，也能促進肌肉發達。而芝麻中含鋅，能保護免疫細胞，減少細胞氧化的傷害。

橄　欖　油

橄欖油的維他命 E 和多酚，具有抗氧化的功能。橄欖油的不飽和脂肪酸，用來替代飲食中的飽和脂肪，既能減少低密度脂蛋白，又不影響有益的高密度脂蛋白。不飽和脂肪酸令血液中「壞膽固醇」水平下降，減少患上心臟病的風險。

泡　菜

在發酵過程中，蔬菜含有的糖份，會被益菌分解，令每公克泡菜含最少 100 億乳酸菌。用來醃製泡菜的辣椒含有辣椒素，具有幫助脂肪燃燒的作用。

海　帶

海帶富含碘、鈣、鐵、鉀、鎂和 Omega 3（奧米加 -3 魚油）脂肪酸。海帶中的維他命 K 可幫助凝血，由於有天然鮮味，烹調時可取代或減少用鹽和糖等調味料。正服用薄血藥華法林、患有心臟病及正接受甲狀腺放射治療人士則不宜食用。

燕　麥

燕麥可以降低膽固醇，預防心臟病。燕麥中的可溶性纖維能在腸內黏住並帶走食物中的膽固醇。此外，纖維會在腸內建立一層保護膜，減少碳水化合物吸收，維持血糖穩定。

牛　油　果

牛油果含有不飽和脂肪酸，有助降低「壞膽固醇」，保護心血管。一個牛油果提供的膳食纖維量，已高達每人每日攝取量的 34%，能夠清除體內多餘的膽固醇。但要注意的是，牛油果的熱量較高。

番　茄

番茄中的茄紅素可以預防人體內的細胞受損，同時也可以修補受損的細胞、預防癌症等。番茄亦含有能淨化腸道與代謝膽固醇的膳食纖維、養顏美容的維他命 C，以及可預防老化及提升免疫力的胡蘿蔔素。

菇 菌

菇類含有豐富的膳食纖維、維他命 B 群、多醣體及多種礦物質,曬乾的冬菇更有維他命 D,有助於提升免疫力、調節免疫功能、降血壓、血脂等。需注意的是,菇類中有高含量的嘌呤,患有痛風的人士不宜多吃。

菠 菜

菠菜含有鐵質,有補血、止血之效,有助減低患心臟病及中風等風險。菠菜高含量的膳食纖維,更可促進腸胃蠕動,利於排便及有助消化。當中的胡蘿蔔素可在人體內轉化為維他命 A,能延緩細胞老化,亦有保護眼睛的作用。

黃 薑

黃薑中的薑黃素有降低血漿膽固醇的作用,能對抗高脂血症產生,對於冠心病、心絞痛和心肌梗塞有防治作用。黃薑也能緩解由炎症引起的關節炎、風濕病、肌肉酸痛等。

藜 麥

藜麥含有豐富的維他命 E,能抗氧化;當中豐富的不飽和脂肪酸,更能幫助維持心血管健康。藜麥因為纖維和蛋白質含量高,又不含麩質,相比其他穀類食物的升糖指數低,尤其適合患有糖尿病或穀膠過敏症人士食用。

豆 類

豆類價格低廉,但就含有多種蛋白質,多吃豆類能降低膽固醇、對抗心臟病和高血壓、穩定血糖,而且可以減少肥胖、減輕便秘,特別受女士歡迎。

野 生 三 文 魚

三文魚含有 Omega 3(奧米加 -3 魚油)和 DHA,對心血管和腦部有益。人工養殖的三文魚多被餵飼含色素、抗生素及其他污染物的飼料,所以野生三文魚比人工養殖的三文魚更為健康。

小食、醬料

香草油泡蒜

這是我家常備的食材，通常用來切片放入涼拌菜式，甚至整粒當小菜吃，也會用香濃的蒜油來做菜（見「能量純素沙律」食譜）。大約在兩年前，Facebook 專頁「米太廚房手記」剛剛起步，適逢某橄欖油品牌舉辦食譜招募比賽，我便拿了這個自家研發的食譜參賽，想不到竟得了冠軍！當時令這個油泡蒜的忠實「粉絲」米仔興奮了好一陣子。

蒜頭經醃製後，本身的辛辣沒有了，只餘其獨特的香味和鬆脆的口感，香草和橄欖油亦為蒜頭增加香味。

材料

初榨橄欖油	約 200 毫升
蒜頭	3 個
白酒醋	2 杯
月桂葉	3 片
乾番荽碎	1 茶匙
乾辣椒碎 （如不吃辣可省略）	1 茶匙
鹽	1/8 茶匙

做法

1. 把蒜頭去皮。
2. 把白酒醋放入小煲內煮滾，然後放入蒜頭和鹽，不用冚蓋，用中火煮 3 分鐘，熄火，靜置 5 分鐘。
3. 用筲箕把蒜頭瀝乾。
4. 待蒜頭全涼後，用一塊乾淨的布把蒜頭上的醋印乾。
5. 把蒜頭放入已消毒的玻璃瓶內，再放入月桂葉、乾番荽碎、乾辣椒碎（如不吃辣可省略），然後注入初榨橄欖油至覆蓋全部蒜頭，把瓶蓋關好。
6. 放室溫（沒有陽光照射到的地方）醃浸 3 至 4 星期便可食用。

米太 TIPS 貼士
○ 要挑選新鮮、去皮後表面光滑的蒜頭來做醃蒜。
○ 做好的醃蒜，開封後可以放在雪櫃儲存 6 個月。

七 味 什 錦 蔬 菜 片

超市裏，薯片的種類好像越來越多，證明鹹香脆口零食的受歡迎程度。我曾經也是薯片迷，但自從年紀漸長，加上定時做強度運動鍛鍊身體之後，對自己及家人的飲食都變得嚴謹多了，畢竟，沒有人想把自己辛苦付出的努力付諸流水吧！我覺得，生活中需要有零食，但要挑「可持續性」的來吃，即吃了沒有「罪惡感」的。其實用一些有益食材，在烹調上花點心思變成小吃，得着可不少呢！至少米仔對「邪惡」零食幾乎沒有興趣，希望他長大後不用像我要苦苦掙扎去戒口了。

材　　　料

黃肉蕃薯	400 克
紫蕃薯	400 克
蓮藕	400 克
海鹽	1/2 茶匙
黑胡椒	1/8 茶匙
日本七味粉	1/4 茶匙
橄欖油	2 茶匙

做　　　法

1　把黃肉薯、紫薯和蓮藕去皮，切成薄片。

2　加入海鹽、黑胡椒、七味粉和橄欖油，和所有蔬菜片拌勻。

3　把蔬菜片平鋪在烤盤上，放入已預熱 180 度的焗爐，焗 15 分鐘或至蔬菜片乾身，完成。

米太 TIPS 貼士

○ 紫薯含有花青素，切開後會滲出紫色的水，所以切片後不要和其他蔬菜片同放，避免染色，影響賣相。

○ 除了烤焗，也可以用氣炸方法來做脆片，做法、調味一樣。

○ 做好的脆片，如用密實袋包好，可以儲存兩個星期。

海鹽烤腰果

逢年過節，媽媽都會做一道「腰果炒粒粒」，每當她預先把腰果炸好，我們幾姊妹就會輪流入廚房偷吃！這樣超級香脆的美食，真是很難抗拒喔！我把媽媽的方法改良一下，加些調味，用烤焗的方法來做，就成為我們一家都喜愛的健康小食了。

材料

腰果	500 克
海鹽	1/4 茶匙
橄欖油	半茶匙

做法

1. 腰果洗淨，放入滾水中余燙 30 秒，撈起放筲箕風乾 1 小時。
2. 把焗爐預熱至 160 度。
3. 把橄欖油放入腰果拌勻，然後加入海鹽拌勻。
4. 把腰果平放在烤盤上，放入已預熱的焗爐焗約 15 分鐘。
5. 出爐，把腰果翻一翻，再焗 10 分鐘。出爐後，待腰果全涼後便可食用。

米太 TIPS 貼士

○ 腰果要先用滾水余燙過，才能焗得鬆脆。
○ 除了海鹽之外，還可以加入其他味粉，例如甜椒粉、蒜粉，做出不同口味的腰果。
○ 如果想用烤腰果做菜式，可把油、鹽和味粉都省略，把腰果余水、風乾後，直接烤焗即可。

涼拌 黑木耳鮮菌

菇菌對身體的益處真的很多，我亦同意用爆炒或燜煮的方法來烹調的確美味，但菇菌本身是非常「吸油」的，實在不想令本來有益的食物變成一道高熱量的菜！試用來做涼拌後發現菌香突出之餘，還非常爽脆可口，有次做給烹飪班的同學試食，獲得一致好評呢！

材　料

黑木耳	1 片
鮮茶樹菇	200 克
鮮杏鮑菇	200 克
鮮本菇	200 克

汁　料

蒜茸	1 茶匙
蔥花	1 湯匙
意大利黑醋	1 湯匙
麻油	1 湯匙
醬油	1.5 湯匙
糖	半茶匙

做　法

1. 黑木耳洗淨泡水至軟身。鮮菌洗淨，切去本菇和茶樹菇的根部，杏鮑菇開邊，與黑木耳一同放入滾水中氽燙 1 分鐘。

2. 把所有材料撈起隔去水份，全部放入冰水中冷卻，然後用廚房紙印乾水份。

3. 把杏鮑菇和黑木耳切絲，本菇和茶樹菇撕成一條條，加入汁料拌勻，完成。

米太 TIPS 貼士

◯ 黑木耳和鮮菌氽水後要立刻放入冰水浸泡，口感才會爽脆。
◯ 冷卻後的黑木耳和鮮菌，要盡量用廚房紙吸乾水份，令其更易吸收汁料的味道。
◯ 嗜辣的朋友可以拌入切碎的指天椒食用，別有一番風味。

羽衣甘藍青醬

傳統的青醬多數是用羅勒葉做的，是一種非常百搭的醬料，超市也有現成的，但比起新鮮做的，味道差別實在太大！自己做其實一點也不難，還可以轉換材料，嘗試不同的口味。像這個羽衣甘藍青醬，比起傳統羅勒味多了一份回甘，營養更豐富，是我心目中的「超級青醬」。

材料

羽衣甘藍	50 克
蒜頭	3 瓣
帕馬臣芝士 (Parmesan Cheese)	30 克
松子	20 克
初榨橄欖油	125 毫升
海鹽	1/4 茶匙
黑胡椒	1/4 茶匙

做法

1. 把松子平鋪在烤盤上，放入已預熱140度的焗爐焗10分鐘或見松子呈微金黃色，出爐，備用。

2. 羽衣甘藍洗淨，把葉撕出（不要梗），用廚房紙印乾水份。

3. 蒜頭去皮，芝士刨碎，備用。

4. 把松子、羽衣甘藍、蒜頭、碎芝士、海鹽和黑胡椒放入攪拌器中，用中至高速打約5分鐘，其間分數次加入橄欖油，見青醬打成細滑便完成。

米太 TIPS 貼士

○ 松子不耐火，很容易烤焦，宜先烤10分鐘觀察，如未夠金黃，可以繼續留在焗爐（不用加火）幾分鐘至理想的香脆度。

○ 打好的青醬可以放在雪櫃下格儲存一個月。

番茄腰豆肉醬

小時候媽媽經常會煮「肉醬意粉」逗我們開心（不知為甚麼小朋友總愛吃肉醬意粉）。現在由我給米仔煮，材料及煮法和媽媽的傳統做法不同了，我會放入紅腰豆代替部分牛肉，亦不會加入豬肉或煙肉，減低脂肪和膽固醇含量。我會一次過做多一點，包好放入雪櫃急凍，需要時便取出煮滾，配意粉、飯或薯茸都很讚，也非常方便。

材料

免治牛肉	300 克
罐裝紅腰豆	150 克
洋蔥	半個
紅蘿蔔	100 克
西芹	80 克
罐裝番茄	1 罐（約 400 克）
番茄膏 (Tomato Paste)	1 湯匙
蒜茸	1 湯匙
海鹽	適量
黑胡椒	適量
黃砂糖	適量

做法

1. 把洋蔥、紅蘿蔔和西芹切成小粒。
2. 把 1 湯匙油放入平底鑊燒熱，然後把洋蔥、紅蘿蔔和西芹炒至軟身。
3. 放入牛肉和蒜茸續炒至牛肉轉色。
4. 加入番茄膏和番茄炒勻，冚蓋，以小火燉煮 15 分鐘。
5. 加入紅腰豆拌勻，冚蓋，以小火再煮 8 分鐘。
6. 以適量鹽、糖和黑胡椒調味，完成。

米太 TIPS 貼士

○ 如用乾的紅腰豆，先把豆用水浸過夜，瀝乾水份，在（步驟 4）加入 100 毫升水或上湯，煮 30 分鐘，然後調味便完成。

○ 除了紅腰豆，鷹嘴豆也是一個好選擇。

西蒜薏米
杞子雞肉湯

90 年代初，「心靈雞湯」系列書籍風靡全球，內容全是勵志和啟發人心的文章，當時我在紐西蘭，有很多大學同學都追讀。有趣的是，他們都煲起自己的雞湯來，明明書中的內容跟「雞湯」完全無關啊！當時還有媽媽服待三餐的我，未能明白那些孤身離鄉升學朋友的心態（慚愧）。的確，一碗溫暖又甘甜的雞湯，對很多人來說代表着正能量，喝着令人有「療癒」的感覺，說得上是一種安慰劑。比起傳統的中式老火雞湯，我更愛這個可以吃到材料鮮味的自家版本。每次喝都會想起同學們那些煲得「古靈精怪」的雞湯，時光恍惚回到「那些年」了。

材　　料

法國穀飼雞	1 隻（約 1 公斤）
熟薏米	3 湯匙
杞子	3 湯匙
西蒜（Leek）	1 棵
水	1.5 公升
白酒	4 湯匙
海鹽	適量

做　　法

1　薏米浸水約 1 小時。

2　雞洗淨、去皮，放入滾水中，加入白酒，冚蓋，以中大火煮 15 分鐘。

3　把浮在水面的雜質撇去，加入浸過的薏米，用小火煲半小時。

4　西蒜切成薄片，和杞子一同放入煲，以中火煮 5 分鐘。

5　如需要可把雞取出起肉，再放回湯中，再以海鹽調味，完成。

米太 TIPS 貼士

○ 先把雞去皮才放湯，能大大減少油膩感，而不影響湯的味道。
○ 煲湯時加入白酒，能去除肉的「雪味」，亦可令湯更鮮甜。
○ 西蒜在大型超市有售。
○ 杞子和西蒜都是不宜煮太久，才可以保存本身的美味和營養。

南瓜黃薑濃湯

以前曾經流行過一款罐裝蔬菜汁（產品名稱有個「V」字的），號稱一罐含有 8 款蔬菜精華，非常吸引，我少年時代也是其「粉絲」。長大後學會看營養標籤之後就被嚇倒了，不想吃下太多添加劑的話，還是乖乖自己煮吧！反正其實不難，還可以自行配搭材料，像這個濃湯，美味又有益，單看顏色就令我心花怒放。

材　　料

南瓜肉	300 克
番茄	2 個
紅蘿蔔	130 克
洋蔥	200 克
蒜頭	2 瓣
黃薑粉	2 茶匙
紅椒粉	1 茶匙
水	1 公升
海鹽	適量
黑胡椒	適量
希臘乳酪	適量
新鮮番荽	適量

做　　法

1　在番茄皮上輕輕切「十」字，放入滾水約 20 秒，見番茄皮翹起，即撈起把番茄放冷水中，把皮撕去。

2　南瓜、紅蘿蔔和洋蔥切成小塊。

3　把 1 湯匙油放入煲中燒熱，下洋蔥和紅蘿蔔粒炒至洋蔥透明。

4　加入蒜頭、洋蔥、南瓜、紅蘿蔔和少量海鹽炒約 1 分鐘。

5　加入黃薑粉、紅椒粉和番茄拌勻。

6　水蓋過材料，以中火煲 10 分鐘或至南瓜和紅蘿蔔軟稔，熄火。

7　加海鹽和黑胡椒調味，用手提攪拌器把材料充分打至滑身。

8　吃時加入希臘乳酪、番荽碎拌勻。

米太 TIPS 貼士

○ 先加少量海鹽和蔬菜拌炒，令蔬菜加快煮稔。
○ 蔬菜一旦煮稔後便要熄火，避免蒸發過多水份，令打出來的湯過稠。
○ 如攪拌後發現湯太稠，可以加入適量上湯或水再煮滾。

麻香甘藍什菌湯

電視劇經典場面：媽媽捧着一碗湯，對着剛回家的兒子或女兒說：「快些喝，我落足料煲了幾個小時！」老火湯，代表愛和溫暖，深入民心；然而，眼見幾位長輩先後患上痛風症，有許多食物都要「戒口」，其中一樣就是嘌呤（可引致尿酸高的物質）甚高的老火湯了，這令我煮食時提高了警覺。

湯固然要落足好料去煲，但原來時間火候控制得好，不一定要「老火」，湯也可以美味有益。像這個湯，雖沒有豬骨，和只用大約20分鐘去煲，但加入芝麻和羽衣甘藍，一樣高鈣又營養，而且很香呢。

材料

材料	份量
豬水䐑肉	220 克
羽衣甘藍	60 克
大啡菇	100 克
本菇	100 克
杏鮑菇	100 克
翠玉瓜	1 條
紅蘿蔔	1 條
蒜茸	1 茶匙
熟芝麻粉	1 湯匙
水	1 公升
橄欖油	1 茶匙
海鹽	適量

做法

1. 豬肉切成薄片。
2. 紅蘿蔔、翠玉瓜切成薄片。
3. 大啡菇和杏鮑菇切成薄片，本菇切去根部。
4. 羽衣甘藍去梗後，把葉撕碎。
5. 把 1 茶匙油放入煲中，把豬肉和蒜茸爆香。
6. 加入紅蘿蔔、翠玉瓜和菇類，炒 1 分鐘。
7. 注入水，冚蓋，以中小火煲 15 分鐘。
8. 把熟芝麻粉倒入鍋中攪勻，冚蓋，再煮 1 分鐘。
9. 熄火，加入羽衣甘藍葉拌勻，以海鹽調味，完成。

米太 TIPS 貼士

○ 熟芝麻粉可以在日式超市買到，亦可自己做：把白芝麻炒香後，放入攪拌器打碎即可。
○ 羽衣甘藍是可以生吃的，而且不宜用高溫作長時間烹煮，以免營養流失。
○ 紅蘿蔔和南瓜中的胡蘿蔔素是油溶性的，先用少許油略炒，能釋出更多營養。

海帶青口豆腐湯

享受美食同時可以支持環保？青口被譽為可持續海鮮，皆因不需要飼料養殖。青口本身亦營養豐富，Omega-3 含量跟三文魚相若，是很好的蛋白質來源。最初接觸青口這食材是在紐西蘭，當地盛產綠青口，肥大鮮美，而且便宜得驚人，當地人也教曉我們不同的煮法：烤焗、酒煮、鹽燒……我就最愛用來放湯，非常鮮甜美味，幾乎不用放鹽。

材料

紐西蘭綠青口（熟）	300 克
日本海帶	1 片（約 6 克）
板豆腐	1 塊
蒜茸	1 茶匙
海鹽	適量
水	1 公升

做法

1. 海帶用水浸軟，切成小塊。
2. 板豆腐切粒。
3. 把水放入煲中燒開，加入海帶、豆腐和蒜茸，冚蓋，用大火煲兩分鐘。
4. 把整包青口開封，直接倒入煲中，冚蓋，繼續用大火煮 1 分鐘，如需要可以鹽調味，完成。

米太 TIPS 貼士

○ 市面上青口有生和熟之分，生的青口煮前要洗淨外殼，然後煮至全開才可食用；熟的青口只需直接放煲內加熱便可食用，清洗後反而失去部分鮮甜味。

○ 熟青口不要煮超過一分鐘，以免變韌。

紅菜頭眉豆素湯

在紐西蘭生活的時候,經常會吃到紅菜頭,這食材在當地非常流行,甚至「M」字頭漢堡包店也有一款「Kiwi Burger」(紐西蘭人自稱「Kiwi」),裏面夾着的不是酸瓜,而是紅菜頭片,可見紅菜頭在當地的受歡迎程度!其實這蔬菜整棵都是寶,但米生覺得菜頭部分生吃有點草腥味,於是我設計了這款非常鮮甜的湯,加入健康的蛋白質——眉豆搭配,我覺得味道比一些肉湯還要出色。

材料

紅菜頭	1 棵(約 300 克)
番茄	450 克
眉豆(乾)	130 克
紅蘿蔔	200 克
洋蔥	半個
蒜茸	2 茶匙
水	約 1 公升
橄欖油	1 茶匙
海鹽	適量

做法

1 眉豆沖淨,加水浸過夜,然後隔去水份。

2 紅菜頭洗淨,把圓形的根部去皮,切成小粒。

3 紅菜頭的莖和葉分別切成小粒和小段。

4 番茄、洋蔥和紅蘿蔔切成小粒。

5 把 1 茶匙油放入平底深鍋中燒熱,加入洋蔥和紅蘿蔔粒炒至洋蔥變透明。

6 加入蒜茸和紅菜頭莖炒 1 分鐘。

7 放入番茄、眉豆、水和少許鹽拌勻,冚蓋,以中火煲 15 分鐘。

8 最後加入紅菜頭葉,冚蓋,用中火煲 5 分鐘,如需要再放鹽調味,完成。

米太 TIPS 貼士

○ 此湯是素菜,如因宗教信仰而戒「五辛」,可不放蒜茸。

○ 紅菜頭全棵也可以吃,惟葉的部分不宜煮太久,以免煮得太綿爛,影響口感。

○ 番茄要挑熟一點的,湯味更好。

○ 如想湯濃味一點,可以把蔬菜高湯代替部分水。

沙律、蔬菜

豆乳燴雙花

自初中起就迷上烹飪，當年在上海飯店吃過「奶油津白」後，十分喜歡，就開始在家研究和實驗，最後用豆漿做出自己喜愛的味道。今次用了口感爽脆的西蘭花和椰菜花來代替黃芽白，和濃郁但絕不油膩的豆乳汁意想不到的搭配呢！加上烤得香鬆的松子，誰說「好吃的東西一定是無益」？

材料

椰菜花	150 克
西蘭花	150 克
蒜茸	1 茶匙
無糖豆漿	200 毫升
清雞湯	100 毫升
鹽	1/4 茶匙
粟粉	半茶匙
松子	1 湯匙

做法

1. 把松子平鋪在烤盤上，放入已預熱 140 度的焗爐焗 10-15 分鐘，取出，備用。

2. 椰菜花和西蘭花洗淨，切成小棵，放入滾水灼 1 分鐘，撈起。

3. 用 2 茶匙油起鑊，把蒜茸爆香。

4. 加入鹽、豆漿和清雞湯煮滾，把粟粉和 1 湯匙水拌勻，徐徐倒入，把汁推稠。

5. 把菜花放入汁中拌勻，上碟，灑上松子，完成。

米太 TIPS 貼士

○ 菜花不用灼超過一分鐘，避免養份流失。

○ 松子容易變壞，所以一次不要買太多，最好放入密實袋或瓶裏，放在雪櫃儲存。

芝味三色蔬菜花

受到家人的支持和鼓勵，前年一口氣參加了幾個烹飪比賽，真是很難忘的經驗（回想真是要捏一把汗），亦非常幸運在各個比賽中都拿到獎項。這道蔬菜花是改良自其中一道自己設計的冠軍菜式，用較簡單的材料和方法來做，是非常美味的配菜，就算平時不愛吃蔬菜的朋友也可以一口氣吃下數個！身為廚師，最快樂莫過於此。

材料

紅蘿蔔	2 條
翠玉瓜	2 條
茄子	1 條
帕馬臣芝士 (刨碎)	4 湯匙
鮮百里香	3 棵
海鹽	1/4 茶匙
黑胡椒	1/4 茶匙
橄欖油	適量

做法

1. 把紅蘿蔔、翠玉瓜和茄子刨成薄片。

2. 用鹽把蔬菜片拌勻，待大約 10 分鐘至蔬菜變軟身和釋出水份後，用廚房紙把蔬菜片抹乾。

3. 把焗爐預熱至 200 度。

4. 鮮百里香去梗取葉，和帕馬臣芝士、黑胡椒拌勻，備用。

5. 把少量橄欖油抹在鬆餅模的內側，然後從餅模的邊緣開始，用梅花間竹的方式排入各種蔬菜片，直至把餅模填滿。

6. 在捲好的蔬菜上掃上少許橄欖油，然後把 (4) 放在蔬菜片之間。

7. 放入已預熱的焗爐焗 20 分鐘。

8. 出爐，待 5 分鐘至蔬菜花稍涼便可脫模，完成。

米太 TIPS 貼士

○ 把芝士放在蔬菜片之間有黏合作用，所以不能放太少，以免蔬菜花出爐後散開。
○ 蔬菜可以隨意配搭，但以水份較少的為適合。

泡菜芝士煎蛋卷

在紐西蘭讀中學時認識朴小姐，可能同是「高頭大馬」的女生，而且大家也愛吃，所以特別投契。她的媽媽是個很文靜的太太，每天花很多時間在廚房為女兒做很多韓國美食帶回校吃，我自然成了受惠者（回想起真有口福啊）！朴小姐差不多每天都教我韓文，可惜我沒有這方面的慧根；反而成了朴伯母的小徒，一有空就到她的廚房學習，然後回家練習，我就是從那時開始愛上韓國菜。這道煎蛋卷沒有按傳統用紅蘿蔔、洋蔥，改用羽衣甘藍和泡菜，再加入味道香濃、質感軟滑的 Brie Cheese，軟芝士在煎蛋餅過程中加熱呈半溶狀態，每一口都是好享受！

材料

雞蛋	3 隻
布利軟芝士 (Brie Cheese)	35 克
羽衣甘藍葉	5 克
韓國泡菜	30 克
鹽	1/8 茶匙
黑胡椒	少許

米太 TIPS 貼士

○ 韓國泡菜含豐富益生菌，對腸臟有益，但如購買包裝泡菜，應盡量選擇鹽份較低的，會比較健康。

○ 芝士種類可以按自己喜好決定，車打芝士也是一個好選擇。

○ 如沒有方型鑊，用圓形的平底鑊也可以，做法一樣，只是完成後，頭尾兩端的蛋卷會稍薄而已。

做法

1 芝士切片。

2 擠走泡菜汁，把泡菜和羽衣甘藍切碎。

3 雞蛋加入鹽和黑胡椒發勻。然後加入泡菜和羽衣甘藍粒拌勻。

4 在方形平底鑊中，放入 1 茶匙油燒熱，然後放入 1/3 蛋漿，平均分佈在鑊表面，在近下方放入芝士。

5 用膠刮板（或鏟子）由外往內捲。

6 把蛋卷往外面推，再放入 1/3 蛋漿，把蛋卷提起，讓蛋漿流入蛋卷底部，然後用膠刮板把蛋卷由外往內捲。

7 重覆（步驟 6）。

8 蛋卷完成，待約 10 分鐘至蛋卷稍涼便可切件享用。

能量純素沙律

自從發現了做運動的好處：精力充沛、頭腦清晰、心境愉快等等……便很少停下來，我亦從不節食（當然也不能暴食），運動後適量的飲食補充是很重要，可以保持一定的新陳代謝，令我這個已屆中年的軀殼不易發胖，哈哈！這是我最常做的沙律之一，因為一份就能提供優質的澱粉、蛋白質、纖維、維他命、礦物質和油脂，有時運動後或下午茶就靠這個沙律來補充體力，所以我稱之為「能量純素沙律」，令人感覺清新又精神。

材料

白豆腐乾	200 克
原味杏仁	約 40 克
三色藜麥 (黑、紅、白藜麥)	共半杯
青瓜	1 條
車厘茄	10 顆
羽衣甘藍	5-8 棵
牛油果	半個
香草蒜油 (見「香草油泡蒜」)	2 湯匙
海鹽	1/4 茶匙
檸檬汁	1 湯匙
Dijon 芥末	1 湯匙

做法

1 把杏仁平鋪在焗盤上，放入已預熱至 160 度的焗爐，焗 15 分鐘，取出，備用。

2 藜麥放入電飯煲，加入 1 杯水，按白飯模式煲熟，待涼，備用。

3 豆腐乾切粒，汆水 1 分鐘，待涼，備用。

4 青瓜洗淨，去瓤，切粒。

5 牛油果去皮去核，切粒，用少許檸檬汁拌勻。

6 車厘茄洗淨，開邊。

7 羽衣甘藍洗淨，去梗，把葉撕碎。

8 把步驟 1-7 的材料放入大碗中拌勻，

9 加入香草蒜油、海鹽、檸檬汁和芥末拌勻，完成。

米太 TIPS 貼士

○ 藜麥可以一次煲多些，放入膠盒，可儲存在雪櫃下格兩天。

○ 牛油果切開後，加入少許檸檬汁拌勻，能防止牛油果因為氧化而變色。

○ 如果沒有香草蒜油，或因宗教信仰而戒「五辛」，可以用初榨橄欖油代替。

紫薯乳酪沙律

薯仔做沙律很常見，但我覺得蕃薯的質感更扎實，味道又甜，而且 GI 值（升糖值）比薯仔更低，是非常優質的澱粉；紫薯因為含花清素，被視為有抗氧化功效，近年頗受歡迎。櫻桃蘿蔔常被人以為只是普通配菜，但其維他命 C 含量其實是番茄的 4 倍！而且非常清爽解膩呢！我嘗試用對腸道十分有益的希臘乳酪和蘋果醋，做一個清新帶些微甜的沙律汁，味道意想不到的好！其實單是看到這個沙律漂亮的顏色，已經令我覺得很舒暢了。

材料

紫薯	500 克
櫻桃蘿蔔	150 克
鮮番荽	1-2 棵

沙律汁

希臘乳酪	4 湯匙
Dijon 芥末	1 茶匙
檸檬汁	2 茶匙
蘋果醋	2 茶匙
蜂蜜	1 茶匙
海鹽	1/8 茶匙
黑胡椒	少量

做法

1 紫薯洗淨，整個隔水蒸 15 分鐘，然後去皮，待涼後切成小塊。
2 櫻桃蘿蔔洗淨，切成薄片。
3 鮮番荽去梗，把葉略切碎。
4 把沙律汁材料拌勻，加入紫薯、櫻桃蘿蔔拌勻，灑上番荽碎，完成。

米太 TIPS 貼士
○ 紫薯不用蒸得太綿爛，剛好熟即可。
○ 沙律汁要臨吃前才拌入材料，拌好的沙律要即日食用。

肉類、
海鮮

牛肝菌燕麥肉餅

小時候，經常在傍晚做功課的時候，聽到家中廚房傳出此起彼落的剁肉聲，每次都會很雀躍，因為知道又可以吃到媽媽最拿手的梅菜或土魷蒸肉餅了。肉餅是最尋常不過的家庭菜，看似平凡，但為我們製作這道菜的人，其心思卻是最珍貴。

做這道包括兩種「超級食物」牛肝菌和燕麥，而且不用肥豬肉的肉餅，可為我們珍視的人打打氣。

材料

豬胸肉	300 克
牛肝菌（乾）	12 克
快熟燕麥片	1 湯匙

調味料

★ 萬字特選有機醬油	2 茶匙
鹽	1/8 茶匙
糖	半茶匙
白胡椒粉	少許
粟粉	2 茶匙
麻油	1 茶匙

做法

1. 牛肝菌用水浸軟，留浸菌水。

2. 把豬肉洗淨，切片，然後剁爛；加入調味料和 1 湯匙浸菌水拌勻，醃 15 分鐘。

3. 加入快熟麥片和牛肝菌拌勻，鋪平。

4. 隔水用大火蒸 15 分鐘。

5. 把蒸好的肉餅靜置約 3-5 分鐘吸收肉汁，完成。

通過日本 JAS 有機認證。

以水、有機特選原粒黃豆（丸大豆）、有機小麥及海鹽釀造，味道天然醇厚。

蒸、煎、醃、炒、蘸食皆宜，輕易帶出食材鮮味。

絕無添加人造色素、味精及防腐劑。

米太 TIPS 貼士

○ 在肉餅內加入燕麥，除了可以增加纖維，還可以令肉餅更軟滑，減少使用肥肉。

四寶牛肉絲

有時候，因為晚上要主持烹飪班，所以會預先準備一些類似「炒什錦」的菜式給米生和米仔做晚餐，有菜有肉，一點也不馬虎。其實這類中式小炒，材料配搭可以變化多端，我煮食最不愛墨守成規，誰說羽衣甘藍只可用來做沙律？用來做小炒還可增加味道層次呢！

材料

板腱牛扒	250 克
紅蘿蔔	80 克
冬菇	3 隻
木耳	1 片
羽衣甘藍	80 克
蒜茸	2 茶匙
麻油	1 茶匙
熟芝麻	1 茶匙

醃料

★ 萬字減鹽醬油	2 茶匙
黃砂糖	1/4 茶匙
黑胡椒	少量
麻油	半茶匙
粟粉	1/2 茶匙
水	2 茶匙

冬菇調味料

★ 萬字減鹽醬油	半茶匙
麻油	1/4 茶匙
紹酒	半茶匙

調味汁料

★ 萬字海鮮醬	1 湯匙
紹興酒	1 茶匙

做　　　　法

1 木耳用水浸至完全發大、軟身，切去底部硬的部分，切絲備用。

2 冬菇用水浸至完全發大、軟身，去蒂，擠去水份，切絲後用冬菇調味料醃 10 分鐘備用。

3 牛肉切絲，和醃料拌勻醃 10 分鐘。

4 紅蘿蔔洗淨，切成幼絲。

5 羽衣甘藍洗淨，切成小片。

6 用 1 湯匙油起鑊，放蘿蔔略炒，再放一半蒜茸、冬菇和木耳，灒酒，炒出香味，上碟備用。

7 加 1 湯匙油燒熱，放入牛肉絲和餘下的蒜茸炒至牛肉半熟，放入調味汁料炒勻。

8 把（6）回鍋，轉中小火，加入羽衣甘藍，炒約 1 分鐘，最後下少許麻油兜勻，熄火，上碟，灑上芝麻，完成。

米太 TIPS 貼士
○ 先用油爆炒紅蘿蔔，有助釋出油溶性的胡蘿蔔素，令餸菜更有益。
○ 煮羽衣甘藍不宜用大火，時間也不宜長，否則味道會變得苦澀。

萬字減鹽醬油，釀造過程100% 天然，相比萬字特選醬油少 43% 鹽份，絕對是注重健康的必然之選。

用於蒸煮菜式絕不會喧賓奪主，反能突出食材原味。

嚴選多款香料而製，帶濃郁煙燻香味，惹味鮮甜。宜用作蘸點、煎炒及烤製燒鴨、乳豬或醃肉等。因不含海鮮成份，肉食及素食者皆宜。

梅子面豉蒸鯖魚

自少便非常崇拜媽媽能煮得一手好菜,可以説我每餐飯都是非常「用心」去享受。現在,我發現大家普遍都手機不離手,心思彷彿都去了手機處,甚少細心品味食物的香氣和本身的味道。其實食物美味與否,很大程度取決於食物的香味,亦會留下深刻記憶。沒有細心品嚐,美食當前都是徒然,多可惜!

梅子面豉是媽媽常用的食材,一吃到它,兒時美好的回憶就回來了……

材料

急凍鯖魚柳	2 片
梅子	1 顆
中式面豉	1 湯匙
糖	半茶匙
紹興酒	1 茶匙
油	2 茶匙

做法

1. 鯖魚柳洗淨,用廚房紙印乾水份。

2. 把梅子去核,用叉子壓成茸後,加入面豉、糖、紹興酒和油拌勻。

3. 把 (2) 抹勻在魚柳上,用錫紙蓋好,隔水以大火蒸 6-8 分鐘,完成。

米太 TIPS 貼士

○ 鯖魚是野生海魚,魚肉鮮甜結實,Omega-3 含量與三文魚相若,但價錢平,可謂價廉物美。

○ 中式面豉可用日式面豉代替,別有一番風味。

燕麥豆腐黃金蝦丸

傳統炸蝦丸（或蝦棗）會混入肥豬肉，以增加香味。有一次和親戚吃潮州菜，頭盤就有蝦棗，味道雖好，但吃罷大家頓時覺得胃有點飽脹了，好不容易才能完成接着的菜式。有一次過年就嘗試做個改良蝦丸，把豆腐加入蝦丸，再裹上原片燕麥去炸。這樣滯脹和油膩感沒有了，燕麥炸後金黃酥脆，也為味道增加了層次，試過的朋友都同意這個蝦丸不但吃後不膩，香脆的外皮令人想一件接一件的吃，我又感受到當廚師的快樂了。

材料

急凍蝦仁	180 克
板豆腐	1 塊
蔥白	2 條
低筋麵粉	1 湯匙
粟粉	1 湯匙
鹽	1/4 茶匙
白胡椒粉	少量
快熟麥片	1 湯匙
原片燕麥	1 碗

做法

1 豆腐用一隻玻璃碟壓着約 30 分鐘，讓豆腐釋出水份。

2 豆腐用布包好，擠出水份。

3 蔥白切成蔥花。

4 蝦仁用刀背拍扁，再剁打成蝦膠，放入深碗中，加入鹽拌勻，撻 20-30 下。

5 加入快熟麥片、白胡椒粉、粟粉和低筋麵粉拌勻，搓成直徑約 1.5 寸的球狀蝦丸。

6 把蝦丸滾上原片燕麥，再次搓圓。

7 把 3 碗油放入煲中燒熱，放入蝦丸炸成金黃色，撈起，瀝乾油份，完成。

米太 TIPS 貼士

○ 豆腐最好用街市新鮮的板豆腐，水分較超市盒裝的少，做出來的蝦丸比較結實彈牙。

○ 豆腐份量可以自行調配，做出自己喜歡的蝦丸質感。

櫻花蝦豆腐 甘藍蛋餅

很多年前，收費電視有一個飲食節目，由一位著名的中菜師傅主持，每集邀請一位名人嘉賓，即場讓他隨意挑選幾款食材，接着師傅就即席設計和示範兩款菜式。我很喜歡這個節目，雖然菜式不是每集都吸引，但我覺得節目的意念很好，告訴觀眾煮餸不應墨守成規，食材配搭得好，再加點創意，家庭菜也可以層出不窮，這正正也是我一貫做法呢！這個蛋餅就是有次做晚飯時想出來的。

材　　料

雞蛋	4 隻
板豆腐	1 塊
羽衣甘藍葉	4 片
紅蘿蔔	1/3 條
櫻花蝦	2 湯匙
海鹽	適量
黑胡椒	適量

做　　法

1. 豆腐用碟壓着 10 分鐘，逼出多餘水份。

2. 羽衣甘藍和紅蘿蔔洗淨，分別切成小片和幼絲；蛋加入少許鹽和黑胡椒打勻，豆腐切丁。

3. 平底鑊中下 1 湯匙油燒熱，下紅蘿蔔絲炒至軟身，加入豆腐和羽衣甘藍略炒，上碟備用。

4. 平底鑊中下 2 湯匙油燒熱，放入一半蛋液，再下炒過的紅蘿蔔、羽衣甘藍和豆腐，煎 1 分鐘。

5. 加入餘下的蛋液，在表面平均鋪上櫻花蝦，冚蓋，熄火，焗 3 分鐘。

6. 開火，把蛋餅翻面，煎 1 分鐘完成。

米太 TIPS 貼士

○ 如想做出厚身的蛋餅，可用較小的平底鑊。
○ 把蛋餅翻面時，可以先用一個大圓碟覆蓋鑊面，把蛋餅翻轉在碟上，然後慢慢把蛋餅放回鑊中。

珍寶肉丸配三色飯

記得第一次做這道菜是在非常炎熱的夏季，某個天氣悶熱得令人不想動的周末，我用了當日雪櫃有的食材做了這個肉丸，貌似非常隨意的一道菜，但是焗的時候已經一屋香噴噴！再次證明我平時 shopping 的時候，預先購置食材的重要，必要時互相配搭又成為一道健康有益的好菜式！

材　料

免治牛肉	300 克
罐頭鷹嘴豆	120 克
青、紅、黃燈籠椒	共 60 克
大蘑菇 (Portabello Mushroom)	2 個
雞蛋	1 隻
洋蔥	2 瓣
鮮百里香葉	1 茶匙
車厘茄	適量

調　味　料

Dijon 芥末	1 湯匙
黑胡椒	1/8 茶匙
鹽	半茶匙

三　色　飯 (約 4 碗)

白米	1.5 杯
糙米	1/4 杯
紅米	1/4 杯
水	2.2 杯

做　法

1. 白米、糙米和紅米洗淨，加水蓋過米面 1-2 厘米，放電飯煲煮熟。
2. 把焗爐預熱至 200 度，鬆餅盤抹油備用。
3. 鷹嘴豆用叉壓成茸。
4. 洋蔥、大蘑菇和燈籠椒切成小粒。
5. 用手把所有材料混合，搓成大小相若的肉丸，然後放入鬆餅盤中，入焗爐焗 25 分鐘。
6. 在一個碗內，準備熱飯，放上肉丸和車厘茄便完成！

米太 TIPS 貼士

○ 蔬菜和肉的種類其實可以隨意，肉類可選雞肉和豬肉，水份比較少的蔬菜都可以用。

檸檬蒜香羊架

配烤茄子什菜

在紐西蘭生活的日子，經常會以羊入饌，除了因為價廉物美，更因為當地羊肉香嫩且不帶羶味。當地人很喜歡在家後園燒烤，引發我嘗試做各式燒烤菜式，其中最受用的就是烤蔬菜（因為我不愛吃炒菜），我最喜歡把烤過蔬菜用來做前菜，令平凡的配菜見不平凡。大部分紐西蘭人喜歡樸實、簡單的生活，從他們做的菜式都可以體現出來，也深深影響到我的煮食風格。

材　料

紐西蘭羊架	300 克
茄子	1 條
番茄	1 個
青瓜	1 條
希臘乳酪	適量

什菜調味汁

初榨橄欖油	2 茶匙
紅酒醋	1 湯匙
海鹽	少許
黑胡椒	少許

醃料

橄欖油	1 茶匙
海鹽	1/4 茶匙
黑胡椒	1/8 茶匙
什錦香草	1 茶匙
蒜蓉	1 茶匙
檸檬汁	2 茶匙

做　法

1. 羊架洗淨，在骨與骨之間切開一片片，用廚房紙印乾水分，用醃料抹勻，醃 3 小時。

2. 什菜調味汁拌勻，備用。

3. 茄子、番茄和青瓜切片。

4. 把坑紋鑊燒熱，下 1 茶匙油，鋪上羊架，以大火煎約 1 分鐘；把肉翻面，再煎 1 分鐘，熄火，把肉留在鑊中 1 分鐘，上碟。

5. 鑊不用洗，鋪上茄子片，以中火煎茄子兩面至軟身，上碟放涼。

6. 番茄、青瓜和茄子片和什菜調味汁拌勻，放在羊架旁。

7. 把希臘乳酪淋在羊架上，完成。

米太 TIPS 貼士

○ 羊肉用檸檬醃過，除了能提升羊肉鮮味，也能軟化肉質，令羊肉入口更香滑。

○ 用大火煎羊扒（時間不要長），可鎖住肉汁，外面焦香。

○ 食譜煎羊架的時間以把肉煎至 6、7 成熟為準，可自行調校煎煮時間以達到理想的生熟程度。

香煎黑毛豬扒 配香橙莎莎

米仔是個特別的小孩,喜歡吃菜多過吃肉,也不愛多芡汁的菜(大部分小孩都是相反)。所以我花很多心思去做肉類菜式,希望吸引他多吃一點肉。香港人用豬扒做餸很普遍,多數都是配味道濃重的茄汁芡。我更喜歡這個自己調配的香橙莎莎,帶天然的清新和「低調」的酸甜,令肉的香味更突出,也減少了油膩。米仔吃到這個豬扒就會心微笑,見到他吃得津津有味,我也笑了。

材　料

西班牙黑毛豬扒	4 塊
海鹽	1/8 茶匙
黑胡椒	1/8 茶匙

香橙莎莎醬材料

鮮橙	1/2 個
紫洋蔥	1/4 個
蜂蜜	1 湯匙
鮮橙汁	1 茶匙
白醋	1/4 茶匙
海鹽	1/8 茶匙
黑胡椒	1/8 茶匙
初榨橄欖油	2 茶匙

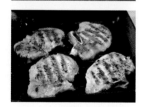

做　　　　　法

1　紫洋蔥切絲，泡冰水 5 分鐘，瀝乾水份。

2　橙去皮，切片後再切成小塊。

3　把所有莎莎醬的材料拌勻，備用。

4　豬扒洗淨，用廚房紙印乾，用鹽和黑胡椒
　　抹勻。

5　把 1 茶匙油放入坑紋鑊燒熱，下豬扒每面
　　煎約 2 分鐘，上碟。

6　把拌好的莎莎醬鋪在豬扒上，完成。

米　太
ⓉⒾⓅⓈ
貼　士

○ 用坑紋鑊煎豬扒，由於肉和鑊的金屬接觸面減少，煎扒不容易過熱，而釋出的脂肪也
　不會黏附在豬扒上，減少油膩感。

○ 莎莎醬可以一次多做一些，放雪櫃下格儲存兩日。

黃薑焗三文魚

我喜歡用不同香料加入菜式，除了可以為食物增添不同風味外，亦可減少使用鹽和糖調味，比較健康。第一次接觸黃薑是很多年前學煮印度咖哩的時候，除了有獨特的香味，還會為菜式增添漂亮的黃色。近年黃薑廣被推崇為健康食材，有天然抗發炎成份，和魚油豐富的野生三文魚同被譽為「超級食物」，對我來說，它們都是「超級」美味的食材，用最簡單的方式來烹調就最適合不過了。

材料

加拿大野生三文魚	2 片
蒜茸	1 茶匙
黃薑粉 (Turmeric)	半茶匙
海鹽	1/8 茶匙
黑胡椒	1/8 茶匙
橄欖油	1 茶匙
刁草 (Dill)	1 棵

配菜

椰菜	80 克
紅蘿蔔	100 克
檸檬汁	1 茶匙
海鹽	1/8 茶匙
黑胡椒	1/8 茶匙
初榨橄欖油	1 茶匙

做　　　　法

1　把焗爐預熱至 190 度。

2　三文魚洗淨，用廚房紙印乾水份後，放在一張大錫紙上。

3　順序把海鹽、黑胡椒、橄欖油、黃薑粉、蒜茸抹勻在魚的表面。

4　把錫紙封好，放入已預熱的焗爐焗 20 分鐘。

5　椰菜和紅蘿蔔洗淨，切幼絲，和檸檬汁、海鹽、黑胡椒和初榨橄欖油拌勻，放在碟上。

6　把出爐的三文魚（連魚油）放在蔬菜旁，放上刁草，完成。

| 米　太 |
| T I P S |
| 貼　士 |

○ 黃薑是油溶性的，煮食時先用油混合或炒香，更容易釋出香味，令食物味道更佳。

○ 野生三文魚不經化學飼料飼養，食用比較安全，魚味也較人工飼養的豐富。

○ 魚焗好後釋出的魚油不要浪費，可以和配菜拌勻食用。

主食

蒜香黃薑飯

各式香料都是我的好朋友，除了可以為菜式注入許多新口味之外，也令我少用了鹽作調味，吃得健康得多。黃薑最近在健康飲食界真是很紅呢！我覺得最簡單、直接、又美味都是煮黃薑飯。可能很多人聽到黃薑飯就想到要和印度咖喱一起吃，其實平時飯餐煮一個顏色鮮艷、帶豐富香味的黃薑飯，也能提升食慾，令人胃口大開。

材料

白米	2 杯
月桂葉	2 片
丁香	15 顆
蒜蓉	1 茶匙
黃薑粉	1 茶匙
鹽	少許
水	500 毫升
油	1 茶匙

做法

1. 洗米後，把水隔去備用。
2. 把鑊燒熱，加入油，以中小火爆香蒜蓉和丁香，然後加入米、鹽和黃薑粉拌勻。
3. 把炒過的米倒入電飯煲，加入水和月桂葉，按掣煲飯。
4. 飯熟後，把月桂葉和丁香拿走便可享用。

米太 TIPS 貼士

○ 把丁香和蒜頭炒過，香味更突出。
○ 黃薑粉要有油炒過才能釋出更多香味和薑黃素。

豆乳納豆素菜咖哩

納豆對身體好處多多，有研究發現，納豆有助改善便秘、降低血脂、預防大腸癌、降低膽固醇、軟化血管、預防高血壓和動脈硬化；有清除體內致癌物質、提高記憶力、護肝美容、延緩衰老等作用。

但是納豆的濃郁味道不是人人都能接受，我都要慢慢習慣，米仔初時也有點抗拒，之後我用納豆放入咖哩裏，用豆漿一起煮，豆香加上蔬菜的甜味，成為米仔最愛的咖哩菜式！其實用蛋白質豐富的豆品做咖哩，味道很配之餘又不含膽固醇，在不想吃肉的日子是一個好選擇！

材料（3-4 人份量）

椰菜花	300 克
紅蘿蔔	1 條（約 200 克）
洋蔥	半個
白蘑菇	200 克
毛豆（連莢）	150 克
蒜茸	1 茶匙
納豆	2 盒
無糖豆漿	500 毫升
咖哩磚	3 顆
蔥花	1 湯匙

做法

1. 椰菜花、紅蘿蔔和洋蔥切小塊，蘑菇切片。
2. 把椰菜花和紅蘿蔔粒放滾水中煮 1 分鐘，盛起備用。
3. 毛豆連莢放入滾水煮 1 分鐘，放涼後去莢留豆。
4. 把 1 湯匙橄欖油放入平底鑊中燒熱，下洋蔥炒至透明，放入蒜茸、蘑菇、椰菜花、毛豆和紅蘿蔔續炒 1 分鐘。
5. 加入咖哩磚和 2 碗滾水，把咖哩煮溶，轉小火，加入納豆，冚蓋煮 1 分鐘。
6. 最後加入豆漿煮 1 分鐘，咖哩便完成了！可在咖哩上灑上蔥花，配白飯享用。

米太 TIPS 貼士　◯ 放入豆漿後不要煮太久，以免豆漿過老而影響味道。

毛豆雞絲
蕎麥冷麵

香港的夏天越來越長了,加上自己怕熱,很多時煮的菜式都是以清爽開胃為主。我很喜歡蕎麥麵的爽滑質感,泡過冰水後再拌以清新的麵汁就更消暑了。蕎麥含豐富膳食纖維和有益人體的微量元素,同時亦含蘆丁,是一種抗氧化的營養素。與其為了健美遏抑自己吃澱粉質,倒不如選一些較優質的來食用,只要不吃過量便是了。

材　　　料

日本蕎麥麵(乾)	120 克
雞胸肉	120 克
毛豆(連莢)	100 克
青瓜	半條
★ 萬字爽爽脆醬油	1 茶匙

拌　麵　汁

★ 萬字蕎麥麵汁	3 湯匙
意大利黑醋	1 湯匙
青檸汁	1 湯匙

1 把麵條放入滾水，以中小火把麵煮至自己喜歡的軟度。

2 把煮麵的水隔去，然後把麵放入一盤冰水中浸至麵全凍，再次隔去水份。

3 把青瓜切成薄片，放少許鹽抓勻，待 15 分鐘後，把青瓜的水份擠走。

4 毛豆連莢放入滾水煮 1 分鐘，放涼後去莢留豆。

5 在雞胸上切幾刀（但不要切斷），放入一煲滾水中，加入鹽和酒，見水再滾後，冚蓋，熄火，焗 15 分鐘或至肉全熟。

6 拿出雞肉，稍為放涼後，把雞撕成絲，然後和萬字爽爽脆醬油拌勻。

7 順序把麵、青瓜、雞肉和毛豆放在碟上。

8 拌麵汁材料拌勻，把麵沾汁享用。

米　太
TIPS
貼　士

○ 把雞肉放入大滾的水中，然後熄火把肉焗熟，煮熟的雞肉依然可以保持嫩滑。

　　一咬一爽脆，吃得到的萬字醬油！

　　最新研發產品，風靡全日本！採用嶄新技術及冷凍乾燥過程處理，將液態醬油製成碎薄片狀。

　　以傳統萬字醬油及菜籽油作基調，再混合菜籽油、芝麻、炸大蒜、洋蔥、魚乾等多種配料精煉而成。

　　可作火鍋蘸點或點綴於任何肉類、拌飯、沙律冷盤上。

　　麵汁以鰹魚乾、特選原粒黃豆（丸大豆）釀造醬油、味醂等按比例精心調配而成，為單調的蕎麥麵條增添一份鮮甜味，拌麵一絕！一開即用，冷熱食皆宜。無添加化學調味料，健康之選。

藜麥牛油果
雞肉卷壽司

每次主持烹飪班，大部分已為人母的同學都會「忍口」，不會即場吃她們用心做的菜式，總是細心包裝好，喜孜孜的帶回家給她們的子女品嚐，那怕他們只有幾歲還是已長大成人。這也不難明白，媽媽總是把最好的留給子女啊！米太都是一樣，每天大清早起來，為米仔準備早餐和午餐便當，材料當然要有益健康又美味，這款壽司卷是其中一款米仔最愛的帶飯菜式。

材料 （兩條卷壽司）

三色藜麥	共 1/3 杯
（黑、紅、白藜麥）	
白米	2/3 杯
牛油果	1 個
雞胸	半個
紫洋蔥	1/4 個
壽司紫菜	2 片
米酒	1 湯匙
海鹽	1/8 茶匙
黑胡椒	1/8 茶匙
蛋黃醬	1 湯匙
檸檬汁	半茶匙

米太 TIPS 貼士

○ 雞胸用浸熟的方式來處理，可以保持肉質嫩滑。

○ 把洋蔥絲泡冰水，可以減低洋蔥的辛辣味。

○ 把牛油果和檸檬汁拌勻，可避免牛油果表面變色，賣相更好。

做法

1 把白米和三色藜麥混合，洗淨，加水至電飯煲一杯的刻度，用煲白飯模式煮熟。

2 在雞胸上切一刀（不用切斷），放入一煲滾水中，加入米酒，冚蓋，待水再燒開後，熄火，焗 15 分鐘或至肉全熟。

3 紫洋蔥切絲，放入冰水泡 5 分鐘，用廚房紙把洋蔥印乾，備用。

4 牛油果切開一半，去皮和核，再切成長條，和檸檬汁拌勻，備用。

5 取出雞肉，用手撕成雞絲，加入海鹽、黑胡椒和蛋黃醬拌勻，備用。

6 壽司竹蓆上放一片紫菜（光滑的一面向下），在上面鋪一層半厘米厚的藜麥飯。

7 放上雞絲、洋蔥絲和牛油果。

8 拿起竹蓆下方，由下至上把材料捲起。

9 把捲好的壽司切成件（約 1 寸闊），完成。

吞拿魚藜麥薯餅

我經常在我的 Facebook 專頁和果籽「米太貼士」分享簡單的家庭菜做法,目的是希望可以鼓勵更多人親自下廚,減少外食。很多上班一族都說因為工作時間長,很難實行;所以我想在不久將來和大家分享我的「計劃飲食方法」,其中一招便是好好利用假日預備好一些可急凍的食物,例如這個藜麥薯餅,營養全面,色香味俱全,解凍後便可煎來吃,做早餐和外帶也非常合適。

材　　料 (6-8 個薯餅)

薯仔	500 克
水浸吞拿魚	1.5 罐
熟紅白混合藜麥	3/4 碗
(藜麥煮法見「能量純素沙律」)	
羽衣甘藍葉	1 碗
罐頭粟米粒	半碗
牛油	8 克
牛奶	1 湯匙
鹽	少許
黑胡椒	少許

做　　　　　　法

1　羽衣甘藍葉切碎，把吞拿魚的水分隔去。

2　薯仔洗淨去皮，放入滾水焓 15 分鐘或至稔軟。

3　趁熱把薯仔壓成茸。

4　加入牛油、牛奶、鹽和黑胡椒拌勻。

5　加入吞拿魚、粟米粒、羽衣甘藍及熟藜麥拌勻。

6　用手把拌好的材料捏成約 2 寸寬的餅。

7　把 2 湯匙油放入平底鑊燒熱，用中火把薯
　　餅煎至兩面金黃，完成。

<table>
<tr><td>米</td><td>太</td></tr>
<tr><td>T</td><td>I</td><td>P</td><td>S</td></tr>
<tr><td>貼</td><td>士</td></tr>
</table>

○　一次可以做多些薯餅，用保鮮紙獨立包裝，放雪櫃冰格儲存。吃時先解凍再
　　煎便可。

南瓜野菌
雞肉藜麥飯

自從米仔開始吃固體食物，我就做了很多南瓜菜式，除了因為南瓜營養價值高之外，其漂亮的外表和甜甜的味道，的確對小朋友（甚至大人）很有吸引力。前年我就以這道家常菜式參加烹飪比賽，當時還把雞醃味再燒烤，味道更有層次了（雖然我很喜歡原版的清新健康）。結果很幸運受到評判青睞，得了冠軍，對堅持不斷試煮新菜式的我，是很大的鼓舞！

材　　料

南瓜	1 個
雞胸肉	100 克
杏鮑菇	1 個
泰國鮮蘆筍	5 條
白米	1/4 杯
白藜麥	1/4 杯
清雞湯	3 湯匙

醃　　料

蒜茸	半茶匙
料理酒	半茶匙
黑胡椒	少量
生抽	半茶匙
海鹽	1/8 茶匙
糖	1/8 茶匙
麻油	半茶匙

做　　　　　法

1　雞肉洗淨，抹乾水份，用刀背拍薄，用醃料拌勻醃 15 分鐘。

2　洗白米和藜麥，加入雞湯和水，用煲白飯模式煮成熟飯。

3　南瓜洗淨，切開頂部，把核刮去，然後把熟藜麥飯放入南瓜。

4　蘆筍切段，杏鮑菇切粒，用少許橄欖油、鹽和黑胡椒拌勻，和已醃好的雞肉鋪在飯上，把整個南瓜隔水蒸 20 分鐘，完成。

米 太
(T)(I)(P)(S)
貼 士

○ 蒸煮的時間要視乎南瓜大小而定，可以用小刀插入南瓜邊緣的肉，如可輕易插入代表已經熟了。

主　　　　　食　　　　　95

甜品、飲品

鮮檸
橄欖油蛋糕

很多女生都喜歡自製蛋糕，我以前也不例外，對做蛋糕樂此不疲，但後來覺得大部分西方或日本食譜做出來的蛋糕都偏甜和膩，所以嘗試用橄欖油代替牛油，加入鮮果汁和煮稔的果皮果肉，令蛋糕味道清新一點，當然，我也會減少糖量。

這個蛋糕很鬆軟，帶少許濕潤，有濃郁的鮮檸檬味，趁暖食就更香！

材　　料 （4" x 8" 長形蛋糕模）

檸檬	4 隻
橄欖油	170 克
幼白砂糖	100 克
雞蛋	2 隻
中筋麵粉	300 克
泡打粉	2.5 茶匙
蘇打粉	3/4 茶匙
鹽	3/4 茶匙
Buttermilk	180 毫升
雲呢拿油	1.5 茶匙

做　　　　法

1　在蛋糕模內側鋪上烤焗紙。

2　做 Buttermilk：把 180 毫升牛奶和半個檸檬的汁拌勻，待 5-10 分鐘。

3　把 3 隻檸檬切片、去核，加入約 600 毫升水和少量鹽放煲中煮 15 分鐘。

4　把水隔去，把檸檬片放入攪拌器中，加入 30 毫升新鮮檸檬汁（約一個檸檬份量），攪拌成茸，備用。

5　把麵粉、泡打粉、蘇打粉和鹽混合，備用。

6　大碗中放入橄欖油和糖，用電動打蛋器打約 1-2 分鐘至稍微輕身。

7　分 2 次放入雞蛋打勻。

8　分 3 次加入已拌好的粉類打勻，中間分 2 次加入 Buttermilk 打勻。

9　最後加入檸檬茸和雲呢拿油拌勻。

10　把糕糊倒入蛋糕模，放入已預熱 180 度的焗爐焗大約 40 分鐘。

11　把竹籤插入蛋糕中央，如無黏沾即蛋糕已全熟，稍為放涼後便可切開享用。

米太 TIPS 貼士
○ 食譜甜度較低，可視個人喜好把糖量加減。
○ Buttermilk 在一些大型超市有售，或可參照步驟 2 自製代替品。

綠茶紅莓
合桃鬆餅

忙碌工作過後，美食和休息是對自己最好的獎勵！不用奢華大餐，
舒舒服服在家中做些簡單的甜品也非常療癒。

綠茶和酸酸甜甜的紅莓味道極配，加入乳酪令鬆餅加倍鬆軟，香
脆的合桃令口感非常豐富；用橄欖油取代牛油，則增添了一份清
香，而且對身體比較有益，是一道健康又滋味無比的點心！

材　　料　（約 8 個）

紅莓乾	100 克
合桃肉	80 克
初榨橄欖油	150 毫升

材　　料　　A

低筋麵粉	230 克
黃糖	70 克
綠茶粉	2 湯匙
泡打粉	2 茶匙
梳打粉	1/4 茶匙
鹽	1/4 茶匙

材　　料　　B

雞蛋	2 隻
牛奶	110 毫升
原味乳酪	5 湯匙
鮮檸檬汁	1 湯匙

做　　　法

1 在鬆餅模鋪入烤焗紙。

2 把焗爐預熱至 190 度。

3 把（材料 A）放入大碗中拌勻。

4 把（材料 B）放另一碗中攪拌。

5 把（材料 B）倒入（材料 A）混合。

6 把橄欖油分 3-4 次倒入混合物中，拌勻。

7 加入紅莓乾和略為切碎的合桃肉，便完成鬆餅糊。

8 把鬆餅糊注入鬆餅模中（約 2/3 滿）。

9 放入已預熱的焗爐焗 20 分鐘，用竹籤插入鬆餅中央，如沒黏沾，稍為放涼後便可脫模享用。

米太
TIPS
貼士

○ 鬆餅糊不要過度攪拌，材料混合好即可，否則鬆餅會不夠鬆軟。

○ 鬆餅糊拌勻後要盡快入焗爐，膨脹效果會最好。

奇亞籽什莓 杏仁奶昔

我是一個自由工作者，俗稱 freelancer，選擇走這條路，最大的挑戰就是要非常自律，安排好自己工作、食飯和休息時間。最近有點忙翻了，有天一直在電腦前剪片，竟然忘了吃午飯，直至有點頭暈才記得自己已經大半天沒有進食！餓得要命，連忙做了這杯奶昔，除了飽肚，那酸酸甜甜的滋味的確令我精神為之一振，到現在也是我經常做的 pick-me-up 飲品。

材料（2 大杯）

香蕉（急凍）	1 隻
急凍什莓	250 克
奇亞籽	2 湯匙
杏仁奶	250 毫升
楓樹糖漿	適量

做法

1. 把已急凍的香蕉去皮，和急凍什莓、奇亞籽和杏仁奶加入攪拌器中，打至順滑。
2. 加入適量的楓樹糖漿調味，完成。

米太 TIPS 貼士

○ 急凍什莓（包括士多啤梨、藍莓、紅桑子、紅莓、黑莓）通常是已熟才被摘下，然後隨即進行清洗、急凍和包裝，莓的味道和營養成份都得以保存。反而在超市買到「新鮮」的莓，因為自被摘下後（通常還未熟透），經過長時間運輸，個人覺得品質和味道反而會比急凍的稍遜。

○ 奇亞籽遇水份會膨脹，可以令飲品變稠，喝後增加飽肚感。

奇亞籽檸檬薏米水

我是一個水壺不離身的人,每次外出都會自備飲品,絕少在街買現成飲品,一為環保,另外不想攝取太多的糖份和添加劑。幾年前開始把奇亞籽加入自製的飲品,工作時帶在身邊,隨時飲用補充體力,還會有些飽肚感。檸檬和薏米能清熱祛濕,味道清新;香港天氣大部分時間溫暖又潮濕,做這款飲品就最適合不過。

材料

奇亞籽	1湯匙
檸檬	半個
生薏米	1湯匙
熟薏米	1湯匙
冰糖	適量

做法

1. 生、熟薏米,放入 800 毫升水煲滾,轉小火煲 30 分鐘,放冰糖再煮 5 分鐘,待涼。
2. 檸檬榨汁,備用。
3. 把已放涼的薏米水倒入水壺中,加入檸檬汁和奇亞籽拌勻,放入雪櫃或放室溫大約兩小時至奇亞籽膨脹,完成。

米太 TIPS 貼士

○ 上班上學人士可以隔晚煲好薏米水,放入水壺;第二天出門前才加入奇亞籽和檸檬汁,到午餐時便可享用。

菊花杞子
無花果茶

由米太懂事開始，除了每天都有愛心湯水飲之外，媽媽也會因應我們的身體狀況，煲各式各樣的甜茶給我們喝，令我們經常處於最佳狀態！沒想到湯水和甜茶常用的「普通」食材——杞子，近年被外國人追捧為「超級食物」，還用來製成營養補充劑。不過，我還是沿用祖先的智慧，用來做茶飲好了，美味又真材實料！

材　　料 （2-4 杯）

有機杞子	3 湯匙
胎菊	20 克
無花果	6 顆
水	800 毫升

做　　法

1　把無花果剪開，放入滾水煲 10 分鐘。

2　加入胎菊和杞子，冚蓋，熄火，焗 10 分鐘，完成。

| 米　太 |
| TIPS |
| 貼　士 |

◯ 此茶有清熱明目功效，非常適合長時間用手機或電腦人士飲用。
◯ 有機杞子不含農藥、化肥和硫磺，可以安全食用。
◯ 茶中的無花果令茶帶點甜味，如需要可加少量蜜糖增加甜味。

資 料 參 考

台灣農委會

有機農業全球資訊網

美國農業部轄下營養素資料實驗室

中國疾病預防控制中心轄下營養與食品安全所

中國食品科學技術學會

香港營養學會

鳴謝品牌：

米太廚房的
超級食物 美味提案

作　　者	米太
責任編輯	Penni Ma / Sandy Tang
書籍設計	HY.Tang
攝　　影	米太廚房手記

出　　版	研出版 In Publications Limited
市務推廣	Evelyn Tang
查　　詢	info@in-pubs.com
傳　　真	3568 6020
地　　址	九龍油麻地彌敦道 460 號美景大廈 3 樓 B 室

香港發行	春華發行代理有限公司
地　　址	九龍觀塘海濱道 171 號申新證券大廈 8 樓
電　　話	2775 0388
傳　　真	3568 6020
電　　郵	admin@springsino.com.hk

台灣發行	永盈出版行銷有限公司
地　　址	新北市新店區中正路 505 號 2 樓
電　　話	886-2-2218-0701
傳　　真	886-2-2218-0704

出版日期	2018 年 6 月 14 日
國際書號	978-988-78268-4-2
售　　價	港幣 98 元 / 新台幣 430 元
鳴　　謝	Kikkoman 萬字醬油